#1

	45 ↓	9 ↓		13 ↓	9 ↓	11 ↓	5 ↓	[illegible]	
13 →			20 ↓ 31 →						26 ↓
12 →					10 ↓ 4 →		10 →		
4 →		16 ↓ 16 →				15 ↓	29 ↓ 16 →		
16 →				27 ↓ 12 →				10 ↓ 4 →	
23 →					26 ↓ 23 →				
12 →			15 ↓ 31 →						
8 →		12 ↓ 25 →						13 ↓	11 ↓
18 →						14 →			
27 →						23 →			

#2

	17 ↓	10 ↓	26 ↓	8 ↓	14 ↓	20 ↓	4 ↓	5 ↓	
41 →									13 ↓
22 →				36 ↓ 18 →				29 ↓ 5 →	
	13 ↓	24 →					9 ↓ 11 →		
3 →		19 ↓ 11 →			23 ↓	24 ↓ 16 →			
6 →			25 ↓ 24 →						9 ↓
45 →									
23 →							8 ↓ 7 →		
	4 ↓ 33 →							3 ↓	7 ↓
16 →				21 →					

#3

	15 ↓	30 ↓	29 ↓	38 ↓	13 ↓	2 ↓	21 ↓	27 ↓	
41 →									5 ↓
27 →						11 ↓ 20 →			
36 →									
	17 ↓ 12 →				26 ↓ 2 →		15 ↓ 5 →		
36 →									
5 →		21 ↓ 23 →						14 ↓	19 ↓
7 →			9 ↓ 14 →			16 ↓ 18 →			
22 →				2 ↓ 25 →					
	24 →						13 →		

#4

	8 ↓	35 ↓	5 ↓	15 ↓	18 ↓		3 ↓		
28 →						20 ↓ 3 →		15 ↓	21 ↓
5 →			38 ↓ 18 →				10 ↓ 14 →		
20 →				25 ↓ 20 →					
	12 ↓ 21 →				25 ↓ 8 →			14 ↓ 5 →	
32 →							11 ↓ 8 →		
41 →									
4 →		7 ↓ 15 →				14 ↓ 12 →			11 ↓
	6 →			4 ↓ 23 →					
	20 →							8 →	

#5

	30 ↓	11 ↓	19 ↓	22 ↓	2 ↓	29 ↓	31 ↓	23 ↓	
40 →									9 ↓
24 →					17 ↓ 23 →				
6 →		36 ↓ 29 →							26 ↓
12 →			6 ↓ 31 →						
23 →					28 ↓ 15 →				
11 →				21 ↓	10 ↓ 5 →		3 →	8 →	
24 →						13 ↓ 8 →		12 ↓ 3 →	
	2 ↓ 29 →					1 ↓ 13 →			
41 →									

#6

	36 ↓	36 ↓	30 ↓	9 ↓	18 ↓	6 ↓	1 ↓		18 ↓
34 →								6 ↓ 1 →	
17 →						24 ↓	6 →		
36 →							8 →		
12 →				27 ↓	16 ↓ 9 →		20 ↓ 9 →		
34 →								17 ↓	5 ↓
5 →			12 ↓ 32 →						
19 →					9 ↓ 11 →				5 ↓
	9 ↓ 18 →					7 ↓ 15 →			
9 →		36 →							

#7

	26 ↓		32 ↓	23 ↓	9 ↓	29 ↓	7 ↓	4 ↓	18 ↓
8 →		36 ↓ 29 →							
34 →								17 ↓ 4 →	
24 →					5 →		4 ↓ 11 →		
24 →					5 ↓ 14 →				
25 →						11 ↓	17 ↓ 3 →		
	11 →			18 ↓	17 ↓ 21 →				19 ↓
	2 →		10 ↓ 22 →				7 ↓ 6 →		
	2 ↓ 39 →								
2 →		14 →			13 →				

#8

	24 ↓	21 ↓	11 ↓	6 ↓	30 ↓		22 ↓		34 ↓
26 →						10 ↓ 9 →		7 ↓ 1 →	
20 →				4 ↓ 22 →					
5 →			10 ↓ 20 →					23 ↓ 2 →	
28 →						23 ↓ 15 →			
	15 ↓ 7 →			7 ↓ 7 →			17 →		
9 →		14 ↓ 19 →					19 ↓ 15 →		
5 →			5 ↓ 4 →		16 ↓ 18 →				
9 →				5 ↓ 18 →					4 ↓
30 →								4 →	

#9

	10 ↓	9 ↓	44 ↓	8 ↓		31 ↓	8 ↓	8 ↓	18 ↓
20 →					14 ↓ 17 →				
35 →								6 →	
1 →		32 ↓ 2 →		22 ↓ 9 →			4 ↓	8 ↓ 9 →	
	5 ↓ 32 →								11 ↓
17 →					13 ↓ 10 →			5 ↓ 2 →	
25 →							17 ↓ 14 →		
	10 ↓ 27 →					11 ↓ 6 →		12 ↓	5 ↓
16 →				5 ↓ 23 →					
15 →			24 →						

#10

	19 ↓	7 ↓	36 ↓	16 ↓	13 ↓	17 ↓		7 ↓	5 ↓
29 →							23 ↓ 7 →		
39 →									17 ↓
6 →		10 ↓ 19 →					30 ↓ 5 →		
9 →				30 ↓ 4 →		18 ↓ 9 →			
19 →					18 ↓ 22 →				
	13 ↓ 33 →								10 ↓
1 →		5 ↓ 22 →				3 ↓ 12 →			
11 →			31 →						
6 →				8 →		5 →			

#11

	24 ↓	33 ↓	19 ↓	38 ↓		9 ↓	27 ↓	20 ↓	17 ↓
19 →					8 ↓ 21 →				
45 →									
22 →						32 ↓ 17 →			
22 →					16 ↓ 15 →				11 ↓
9 →			23 ↓ 25 →					23 ↓ 3 →	
	14 ↓ 27 →						17 ↓ 12 →		
14 →				9 ↓ 22 →					
6 →		5 ↓ 15 →			8 ↓ 15 →				1 ↓
45 →									

#12

	24 ↓		41 ↓	41 ↓	7 ↓	11 ↓	10 ↓	3 ↓	35 ↓
5 →		27 ↓ 36 →							
18 →					26 ↓ 8 →			4 ↓ 4 →	
29 →						17 ↓ 13 →			
36 →								14 ↓ 7 →	
37 →							8 →		
	13 ↓ 26 →						12 →		
17 →					16 ↓	11 ↓	12 ↓ 1 →		10 ↓
8 →			2 ↓	5 ↓ 30 →				2 ↓ 7 →	
8 →					21 →				

#13

	38 ↓	13 ↓	29 ↓	8 ↓		33 ↓	13 ↓	28 ↓	27 ↓
24 →					3 ↓ 19 →				
10 →				16 ↓ 24 →					
45 →									
8 →		9 ↓ 3 →			30 ↓ 17 →				
26 →							5 ↓	1 ↓ 4 →	
40 →									13 ↓
16 →				2 ↓ 1 →		9 ↓ 2 →		8 ↓ 8 →	
	1 ↓	3 ↓	5 ↓ 11 →			7 ↓ 3 →			
9 →				31 →					

#14

	8 ↓	23 ↓		3 ↓	1 ↓		42 ↓	10 ↓	4 ↓
13 →			8 ↓ 4 →			24 ↓ 19 →			
	32 ↓ 12 →			35 ↓	11 ↓ 10 →				6 ↓
7 →			32 ↓ 17 →				26 ↓ 6 →		
41 →									
22 →					19 ↓ 18 →				19 ↓
9 →		18 ↓ 32 →							
28 →						3 ↓ 18 →			
32 →								9 ↓ 9 →	
27 →							9 →		

#15

	31 ↓	21 ↓	25 ↓		2 ↓	24 ↓	32 ↓	32 ↓	11 ↓
16 →				26 ↓ 24 →					
25 →					6 ↓ 24 →				
37 →									19 ↓
19 →						20 →			
18 →					13 ↓	23 ↓ 16 →			
8 →		20 ↓	15 ↓	2 ↓ 25 →					
33 →							11 ↓ 2 →		9 ↓
	5 ↓ 13 →			6 ↓ 17 →				1 ↓ 9 →	
22 →						6 →			

#16

	36 ↓	10 ↓	15 ↓	30 ↓	10 ↓	17 ↓	31 ↓	7 ↓	
39 →									24 ↓
35 →								7 →	
4 →		34 ↓ 13 →			23 ↓ 13 →			28 ↓ 5 →	
5 →			28 ↓ 5 →			14 →			
33 →						18 →			
26 →						3 ↓ 15 →			4 ↓
12 →				7 ↓ 11 →			7 ↓ 12 →		
25 →						6 ↓ 6 →		4 ↓	9 ↓
		10 →				25 →			

#17

	26 ↓	10 ↓	20 ↓	37 ↓	5 ↓	10 ↓		25 ↓
21 →							44 ↓	12 ↓ 3 →
22 →					20 ↓ 21 →			
5 →		29 ↓ 15 →				6 ↓ 14 →		
29 →							27 ↓ 8 →	
13 →			12 →		19 ↓ 14 →			
17 →			8 ↓ 27 →					
	9 ↓ 10 →			6 ↓ 10 →			10 ↓
45 →								
13 →					24 →			

#18

	36 ↓	15 ↓	7 ↓	14 ↓	27 ↓	23 ↓	6 ↓	2 ↓	15 ↓
45 →									
30 →							36 ↓	5 →	
37 →								11 ↓ 3 →	
5 →		24 ↓	23 ↓	24 ↓ 16 →					28 ↓
20 →					18 →				
26 →					15 ↓	17 ↓ 4 →		5 →	
29 →								2 →	
34 →								2 ↓ 8 →	
	16 →				22 →				

#19

	45 ↓	8 ↓	30 ↓	26 ↓	3 ↓		15 ↓	16 ↓	34 ↓
30 →						16 ↓ 23 →			
17 →					16 ↓ 16 →				
5 →		31 ↓ 20 →						29 ↓ 2 →	
30 →							6 →		
32 →							22 ↓ 13 →		
10 →			7 ↓	14 ↓ 5 →		8 ↓ 23 →			
18 →					7 ↓ 15 →				
11 →			5 ↓ 15 →			4 ↓ 7 →			8 ↓
9 →		37 →							

#20

	22 ↓	34 ↓	26 ↓	19 ↓	1 ↓	5 ↓	41 ↓	22 ↓	
37 →									
14 →					14 ↓ 17 →				5 ↓
21 →						23 ↓ 14 →			
35 →								5 ↓ 2 →	
21 →				24 ↓ 14 →					16 ↓
	20 ↓ 2 →		11 ↓ 20 →				14 ↓ 6 →		
22 →					28 →				
8 →		4 ↓ 7 →			8 ↓ 3 →		3 →		
34 →							6 →		

#21

	40 ↓	4 ↓		43 ↓	10 ↓	9 ↓	1 ↓		24 ↓
6 →			23 ↓ 20 →					15 ↓ 6 →	
6 →		13 ↓ 6 →				14 ↓	5 →		
33 →							16 ↓ 11 →		
45 →									
9 →		18 ↓ 11 →			13 ↓ 9 →			10 ↓ 4 →	
25 →						10 ↓ 6 →			
30 →							13 ↓ 4 →		1 ↓
	8 ↓ 1 →		5 ↓ 24 →						
19 →					10 →				

#22

	25 ↓		37 ↓	8 ↓	21 ↓	37 ↓	12 ↓	33 ↓
6 →		8 ↓	44 ↓ 37 →					
14 →				1 ↓ 17 →				
36 →							7 →	
23 →				11 ↓ 8 →			27 ↓ 5 →	
5 →		20 ↓ 13 →			14 →			
	18 ↓ 16 →				1 ↓ 12 →			
20 →				7 ↓ 10 →				12 ↓
33 →					6 ↓ 20 →			
13 →				9 →			10 →	

#23

	45 ↓	11 ↓	25 ↓	15 ↓	2 ↓	36 ↓	13 ↓		1 ↓
28 →								18 ↓ 1 →	
17 →				13 ↓ 18 →					3 ↓
1 →		21 ↓ 37 →							
15 →				10 ↓ 5 →		6 ↓ 3 →			
44 →									15 ↓
13 →			8 ↓ 7 →		10 ↓ 8 →		13 ↓ 6 →		
13 →				11 ↓ 7 →		9 ↓ 13 →			
2 →		9 ↓ 6 →				7 ↓ 13 →			1 ↓
45 →									

#24

	30 ↓	7 ↓	22 ↓	28 ↓	8 ↓	17 ↓	7 ↓	19 ↓	
42 →									38 ↓
7 →		19 ↓ 6 →			35 ↓ 18 →				
29 →							15 →		
27 →							19 ↓	7 ↓ 2 →	
	22 ↓ 2 →		35 →						
11 →			10 ↓ 6 →			18 ↓ 18 →			
11 →				15 →				8 ↓ 5 →	
8 →		3 ↓ 7 →		1 ↓ 32 →					
11 →						11 →			

#25

	17 ↓		22 ↓	19 ↓	19 ↓	39 ↓	1 ↓	16 ↓	19 ↓
3 →		7 ↓ 40 →							
29 →							21 ↓ 8 →		
32 →								6 ↓ 4 →	
12 →				11 ↓ 24 →					
	9 ↓	21 ↓	19 ↓ 8 →		21 ↓ 14 →				24 ↓
33 →							14 ↓ 5 →		
	12 ↓ 10 →			13 →		13 →			
17 →				10 →			2 ↓ 10 →		
15 →				7 →		12 →			

#26

	29 ↓		6 ↓	20 ↓	21 ↓	8 ↓	10 ↓	13 ↓	3 ↓
8 →		20 ↓ 31 →							
7 →			25 ↓ 8 →			5 ↓ 10 →			6 ↓
31 →							8 ↓ 10 →		
42 →								7 ↓	6 ↓
16 →				19 ↓ 2 →		24 ↓	15 ↓ 11 →		
	14 ↓	11 ↓ 15 →			13 ↓ 7 →				6 ↓
15 →			9 ↓ 17 →					1 →	
40 →								8 ↓ 3 →	
2 →		20 →					10 →		

#27

	29↓	33↓	6↓	29↓	38↓	19↓	12↓		31↓
37→								5→	
8→			22→					11↓ 7→	
11→			20↓ 35→						
17→						18→	13↓ 13→		
37→								29↓ 1→	
24→				7↓ 22→					
	15↓ 27→					7↓ 9→			9↓
7→		7↓	9↓ 4→		3↓ 12→				
24→				23→					

#28

	23↓	42↓		16↓	7↓	11↓	32↓	12↓
8→			29↓	34→				
11→			8↓ 17→					
35→						28↓ 10→		
23→				7↓	28↓	6↓ 6→		9↓
	4↓ 44→							
23→					13↓ 4→		17↓ 5→	
	13↓ 13→		13↓ 24→					
10→			7↓ 24→					1↓
4→		31→						

#29

	23 ↓	32 ↓	17 ↓	15 ↓	8 ↓	23 ↓	8 ↓	22 ↓	
39 →									10 ↓
16 →					15 ↓ 17 →				
28 →							1 ↓ 11 →		
16 →				7 ↓ 24 →					11 ↓
11 →			13 ↓ 6 →		20 ↓ 7 →		22 ↓	25 ↓ 6 →	
	11 ↓ 11 →					19 ↓ 12 →			
3 →		3 ↓ 1 →		10 ↓ 27 →					
40 →									1 ↓
7 →		34 →							

#30

	30 ↓	25 ↓	15 ↓	7 ↓	36 ↓	16 ↓	6 ↓		22 ↓
28 →							24 ↓ 9 →		
17 →				22 ↓ 22 →					
26 →							12 ↓ 14 →		
13 →			32 →						
8 →			27 ↓ 7 →		5 ↓ 10 →				4 ↓
2 →		9 ↓ 27 →			18 ↓ 4 →				
10 →				3 ↓ 5 →	2 ↓ 8 →		5 ↓ 1 →		
	1 ↓ 16 →			7 ↓ 10 →					
13 →				7 →		7 →			

#31

	3 ↓	8 ↓	4 ↓	28 ↓	31 ↓		13 ↓	10 ↓	
26 →						5 ↓ 7 →			
	19 ↓	35 ↓ 23 →							9 ↓
8 →			5 ↓ 24 →					36 ↓ 4 →	
20 →						28 ↓	3 ↓ 13 →		
10 →			20 ↓ 31 →						
	13 ↓ 9 →			4 ↓ 19 →					
20 →					11 ↓ 4 →		9 ↓ 5 →		
18 →				8 ↓ 22 →					1 ↓
36 →							4 →		

#32

	29 ↓	22 ↓	13 ↓	17 ↓	14 ↓	1 ↓	17 ↓	6 ↓	
41 →									22 ↓
25 →						32 ↓ 7 →		8 →	
23 →					9 ↓ 5 →			25 ↓ 2 →	
10 →			5 ↓	15 →					
4 →		23 ↓ 1 →		8 ↓ 12 →			12 →		
23 →							11 ↓ 2 →		7 ↓
	10 ↓ 5 →		9 ↓		8 ↓ 16 →				
17 →				9 ↓ 30 →					
28 →					11 →				

#33

	45 ↓	9 ↓	11 ↓		27 ↓	14 ↓	19 ↓	13 ↓
22 →				23 →				27 ↓
3 →		16 ↓ 3 →		22 →				
8 →				18 ↓ 30 →				
17 →			16 ↓ 9 →			19 ↓ 1 →		27 ↓ 5 →
21 →							9 ↓ 8 →	
6 →		20 ↓ 11 →			9 ↓ 12 →			
45 →								
10 →			2 ↓	6 ↓ 17 →				6 ↓
32 →						8 →		

#34

	38 ↓	8 ↓	19 ↓		23 ↓	17 ↓	12 ↓	5 ↓	19 ↓
13 →				7 ↓ 29 →					
9 →		32 ↓ 23 →						1 →	
34 →								25 ↓ 5 →	
21 →				29 ↓ 3 →		30 ↓ 15 →			
15 →			22 ↓ 16 →				24 ↓ 6 →		18 ↓
20 →					23 ↓ 14 →				
	44 →								
	5 ↓ 43 →								
36 →								9 →	

#35

	24 ↓	13 ↓	11 ↓	15 ↓	37 ↓	3 ↓	36 ↓		34 ↓
42 →								12 ↓ 9 →	
33 →					19 ↓ 19 →				
6 →		2 ↓	30 ↓	9 ↓ 26 →					
38 →							3 →		
	23 ↓	13 ↓ 17 →					18 ↓ 5 →		
12 →				17 ↓ 4 →		13 ↓ 19 →			
25 →						5 ↓ 13 →			
2 →		5 ↓ 15 →			12 →				2 ↓
29 →					10 →			2 →	

#36

	33 ↓	23 ↓	28 ↓	6 ↓		29 ↓	9 ↓	8 ↓	7 ↓
15 →					20 ↓ 26 →				
32 →							18 ↓		23 ↓
32 →								18 ↓ 6 →	
19 →				15 ↓ 32 →					
7 →			3 →		22 →				
9 →			16 ↓ 8 →		20 ↓ 8 →		8 →		15 ↓
		16 →				12 →	8 ↓ 14 →		
	5 ↓	9 →		2 ↓ 20 →				4 ↓ 5 →	
5 →		17 →				6 →			

#37

	19 ↓	45 ↓	5 ↓	15 ↓	27 ↓	27 ↓	8 ↓		42 ↓
35 →								11 ↓ 3 →	
10 →			18 ↓ 28 →						
30 →							22 ↓ 10 →		
12 →				25 ↓ 30 →					
35 →								16 ↓ 5 →	
		4 ↓ 3 →		18 ↓ 5 →		24 →			
16 →					4 ↓	14 ↓ 12 →			
		37 →							4 ↓
		25 →						4 →	

#38

	44 ↓	18 ↓	45 ↓	37 ↓		24 ↓	22 ↓	7 ↓	7 ↓
24 →					1 ↓ 16 →				
42 →									
20 →					10 ↓ 6 →				29 ↓
39 →								20 ↓ 1 →	
3 →		22 ↓ 18 →				8 ↓ 22 →			
22 →					16 ↓ 3 →		12 ↓ 12 →		
15 →				11 ↓ 26 →					
29 →						9 ↓ 4 →		6 ↓ 6 →	
		40 →							

#39

	9↓	9↓			25↓	15↓	3↓	18↓	32↓
16→			31↓	36↓ 27→					
	32↓ 41→								
9→		1↓ 18→				14↓ 10→			
29→					14→				
4→		19↓ 9→			25↓ 11→				
22→					12↓ 9→			18↓	8↓
28→						8↓ 14→			
	1↓ 8→		4↓	21→					6↓
8→				13→		15→			

#40

	9↓	14↓	29↓		23↓	30↓		10↓	4↓
16→				12↓ 4→			9↓ 10→		
	14↓ 31→								23↓
25→							34↓ 10→		
14→				27↓ 17→				3→	
2→		19↓ 28→					6↓ 4→		
	13↓ 12→				16↓ 25→				
29→					3↓ 5→				8↓
11→			3↓ 23→					7↓ 8→	
	36→								

#41

	23 ↓	4 ↓	45 ↓		11 ↓	12 ↓	1 ↓	15 ↓	19 ↓
10 →				31 ↓ 25 →					
26 →							5 ↓ 13 →		
8 →		30 ↓ 6 →			15 ↓ 13 →				
	25 ↓ 22 →					22 ↓	4 →		
30 →								22 ↓	10 ↓
35 →							1 ↓ 8 →		
22 →					13 ↓ 22 →				
32 →							3 ↓ 8 →		4 ↓
2 →		8 →		13 →				4 →	

#42

	45 ↓	5 ↓		26 ↓	22 ↓	19 ↓	7 ↓	6 ↓	
5 →			11 ↓ 24 →						12 ↓
32 →							7 →		
8 →		26 ↓ 30 →					22 ↓ 5 →		
7 →			24 ↓ 9 →				11 ↓ 1 →		7 ↓
19 →					24 ↓ 23 →				
25 →					21 ↓ 13 →				8 ↓
9 →				4 ↓ 20 →					
34 →							8 ↓ 9 →		
5 →		22 →						1 →	

#43

	17 ↓	15 ↓	10 ↓	10 ↓		7 ↓	8 ↓		18 ↓
19 →					23 ↓ 3 →			23 ↓ 2 →	
45 →									
9 →			27 ↓	26 ↓ 9 →		16 ↓	30 ↓ 16 →		
8 →		11 ↓ 30 →							7 ↓
	15 ↓ 35 →						9 ↓ 7 →		
25 →				11 ↓ 16 →					
19 →					9 ↓ 2 →		15 ↓	10 ↓	
3 →		3 →		7 ↓ 30 →					
5 →		16 →			22 →				

#44

	20 ↓	15 ↓	30 ↓	36 ↓	18 ↓		1 ↓	42 ↓	24 ↓
20 →						11 →			
21 →						12 ↓	30 ↓ 11 →		
6 →		29 ↓ 34 →							
17 →					4 ↓ 23 →				
27 →					9 ↓ 9 →				
	20 ↓ 37 →								7 ↓
26 →					9 ↓ 21 →				
9 →		2 ↓	4 ↓	6 →		5 ↓ 10 →			
11 →				16 →				2 →	

#45

	44 ↓	16 ↓	7 ↓	24 ↓	24 ↓	12 ↓		14 ↓	4 ↓
28 →						20 ↓ 6 →			
40 →									31 ↓
13 →			25 ↓ 24 →						
3 →		19 →			3 ↓ 7 →		4 →		
6 →		12 ↓ 6 →		14 ↓ 12 →			20 ↓ 3 →		
13 →					14 ↓	12 →			
28 →					10 ↓	13 ↓ 17 →			
20 →				21 →				7 ↓	
		3 →		29 →					

#46

		38 ↓	19 ↓	31 ↓		10 ↓		14 ↓	25 ↓
	20 ↓ 19 →				1 →		9 ↓ 16 →		
16 →				30 ↓ 11 →					
41 →							9 ↓ 3 →		
5 →			29 ↓ 8 →		17 →				
26 →					20 ↓	24 ↓	27 ↓ 8 →		
16 →			1 ↓ 24 →						
	15 ↓ 38 →						7 ↓		
21 →			9 ↓ 25 →						
8 →		34 →							

#47

	41 ↓	17 ↓	2 ↓	22 ↓	15 ↓	9 ↓	23 ↓	9 ↓	6 ↓
45 →									
4 →			3 ↓ 14 →					25 ↓	3 ↓
15 →						17 ↓ 20 →			
13 →			20 ↓ 33 →						2 ↓
9 →		18 ↓ 6 →		19 ↓	8 ↓ 9 →		19 ↓ 11 →		
17 →						12 ↓ 11 →			13 ↓
35 →								5 ↓ 1 →	
22 →					7 ↓ 25 →				
	6 →		11 →			3 →		5 →	

#48

	27 ↓	10 ↓	23 ↓		5 ↓	33 ↓	6 ↓	3 ↓
10 →				6 ↓	16 ↓ 17 →			
34 →							36 ↓	
20 →				16 ↓ 5 →		25 ↓ 5 →	9 →	
7 →		23 →					15 ↓ 5 →	
4 →			16 ↓ 28 →					
5 →		16 ↓ 17 →			14 ↓ 6 →		7 →	
	16 ↓ 9 →			11 ↓ 7 →			14 ↓ 8 →	
38 →						5 ↓ 15 →		
10 →			24 →					

#49

	45 ↓	30 ↓	40 ↓	3 ↓		13 ↓	8 ↓		45 ↓
26 →					25 ↓ 7 →			5 ↓ 9 →	
11 →				33 ↓ 19 →					
30 →							1 ↓ 11 →		
22 →					4 ↓ 1 →		22 ↓ 2 →		
39 →							11 ↓ 16 →		
7 →		9 ↓ 13 →			17 ↓ 18 →				
20 →					14 ↓ 16 →				
14 →				7 ↓ 17 →			5 ↓ 7 →		
7 →			21 →					4 →	

#50

	15 ↓	25 ↓	32 ↓	17 ↓	26 ↓	8 ↓	3 ↓	12 ↓	
43 →									
39 →									7 ↓
	9 ↓ 23 →						8 →		
25 →						21 ↓	9 ↓	23 ↓	26 ↓
11 →				2 ↓	27 ↓ 12 →				
1 →		7 ↓ 33 →							
	8 ↓ 7 →		14 ↓	16 →			11 ↓ 17 →		
5 →		8 ↓ 5 →		4 ↓ 24 →					
30 →						15 →			

25

#51

	45 ↓		3 ↓		8 ↓	16 ↓	19 ↓	28 ↓	4 ↓
8 →		3 →		29 ↓ 28 →					
3 →		23 ↓	5 ↓ 31 →						1 ↓
16 →					21 ↓ 19 →				
27 →						24 ↓	30 ↓ 1 →		18 ↓
8 →			20 ↓ 37 →						
30 →								20 ↓ 6 →	
45 →									
7 →		5 ↓ 4 →		1 ↓ 19 →					2 ↓
15 →					15 →				

#52

	30 ↓	20 ↓	20 ↓	30 ↓	31 ↓	30 ↓		9 ↓	39 ↓
21 →							8 →		
34 →							14 ↓ 6 →		
37 →								22 ↓ 5 →	
1 →		19 ↓ 39 →							
12 →			15 ↓ 21 →						
31 →							16 ↓ 16 →		
12 →				9 ↓ 7 →		10 ↓ 21 →			
	2 ↓ 17 →				3 ↓ 9 →			7 ↓ 2 →	
2 →		5 →		20 →					

#53

	45 ↓	9 ↓	16 ↓	20 ↓	29 ↓	4 ↓		34 ↓	13 ↓
33 →							4 ↓ 13 →		
24 →						32 ↓ 13 →			
3 →		28 ↓ 14 →					8 ↓ 8 →		
40 →									14 ↓
6 →				20 ↓ 3 →			15 ↓ 13 →		
11 →			17 ↓ 22 →					19 ↓ 9 →	
36 →									11 ↓
20 →					16 →				
26 →					28 →				

#54

	12 ↓	17 ↓	9 ↓		20 ↓	9 ↓	6 ↓	16 ↓
8 →				1 ↓	29 ↓ 21 →			
28 →						31 ↓	5 →	
13 →				21 →			2 →	
	4 →		24 ↓	29 ↓ 4 →		9 ↓ 3 →	21 ↓ 8 →	
	14 ↓	14 ↓ 25 →						23 ↓
32 →					18 ↓ 22 →			
45 →								
15 →					5 ↓ 25 →			
		26 →						

#55

	26 ↓	43 ↓	42 ↓	27 ↓	20 ↓	9 ↓	17 ↓		23 ↓
34 →								6 →	
35 →								13 ↓ 2 →	
28 →						19 ↓ 16 →			
30 →							21 ↓ 9 →		
22 →					24 ↓ 19 →				
	15 ↓ 25 →							17 ↓	7 ↓
14 →				4 ↓ 31 →					
21 →						6 ↓ 9 →			
3 →			29 →						

#56

		18 ↓	38 ↓	9 ↓	30 ↓	23 ↓	21 ↓		22 ↓
	41 ↓ 27 →							19 ↓ 3 →	
45 →									
11 →				14 ↓ 29 →					
28 →							8 ↓ 11 →		
8 →	33 →								
7 →	7 ↓ 12 →				15 ↓	13 ↓ 1 →		16 ↓	17 ↓
21 →				15 →					
3 →		1 ↓	2 ↓	3 ↓ 5 →			12 →		
29 →							17 →		

#57

	9 ↓	8 ↓	9 ↓	15 ↓	18 ↓	7 ↓	19 ↓	
40 →								19 ↓
6 →		33 ↓	22 →					34 ↓
	29 ↓ 4 →		27 ↓ 4 →		22 ↓ 12 →			
21 →					3 ↓ 26 →			
12 →				20 ↓ 24 →				
21 →					11 ↓ 7 →		7 ↓	6 ↓
30 →							5 ↓ 7 →	
22 →						9 ↓ 4 →		4 ↓
26 →					14 →			

#58

	36 ↓	4 ↓	21 ↓		24 ↓	28 ↓	21 ↓	32 ↓	9 ↓
15 →				28 →					
8 →		5 ↓ 4 →		35 ↓ 20 →					
43 →									14 ↓
6 →			21 ↓ 27 →						
2 →		18 ↓ 17 →				10 ↓ 13 →			
23 →							9 ↓ 10 →		
13 →					11 ↓ 16 →			15 ↓ 6 →	
32 →						9 →	3 ↓ 7 →		
		35 →							

#59

	4 ↓	23 ↓	6 ↓	13 ↓	26 ↓	27 ↓	17 ↓	9 ↓	19 ↓
45 →									
	32 ↓ 28 →							8 ↓ 7 →	
11 →			6 ↓	7 ↓ 30 →					
36 →								25 ↓ 2 →	
11 →			25 ↓	2 ↓ 3 →			20 ↓ 6 →		9 ↓
9 →		14 ↓ 3 →			10 ↓ 24 →				
15 →				12 ↓ 4 →		4 ↓ 6 →			
42 →									4 ↓
25 →					11 →			4 →	

#60

	42 ↓	13 ↓	10 ↓	28 ↓	9 ↓	22 ↓		9 ↓	17 ↓
34 →							12 ↓ 11 →		
21 →					36 ↓ 17 →				
10 →			33 ↓ 18 →					12 ↓ 8 →	
7 →		26 ↓ 25 →					25 ↓ 7 →		2 ↓
45 →									
12 →					10 ↓ 17 →			12 ↓	12 ↓
25 →						11 →			
29 →						9 ↓ 12 →			
	6 →		1 →		23 →				

#61

	9 ↓		37 ↓	5 ↓	7 ↓	39 ↓	13 ↓	14 ↓	11 ↓
4 →		42 →							
5 →		24 ↓ 8 →		8 ↓ 20 →					
	28 ↓ 24 →				9 ↓ 1 →		5 ↓ 7 →		19 ↓
17 →				25 ↓ 16 →				30 ↓ 9 →	
19 →					6 ↓ 18 →				
30 →							15 ↓ 10 →		
2 →		12 ↓ 9 →			6 ↓ 16 →				4 ↓
16 →			7 ↓ 27 →						
25 →						8 →			

#62

	45 ↓	26 ↓	9 ↓	11 ↓		15 ↓	5 ↓	38 ↓	19 ↓
19 →					21 ↓ 22 →				
7 →			38 ↓ 19 →				8 ↓ 13 →		
15 →				28 ↓ 2 →		9 ↓ 16 →			
39 →							22 ↓ 14 →		
40 →									19 ↓
25 →						20 →			
6 →		6 ↓ 4 →			12 ↓	5 ↓ 7 →			
32 →								3 ↓ 9 →	
7 →			16 →				7 →		

#63

	30 ↓	38 ↓	15 ↓	23 ↓	6 ↓	9 ↓	6 ↓	22 ↓	18 ↓
45 →									
20 →					21 ↓	19 →			
13 →			29 ↓ 10 →			14 ↓	15 ↓ 14 →		
42 →								11 ↓	1 ↓
45 →									
14 →				14 ↓	7 ↓	16 ↓ 10 →			21 ↓
9 →		9 ↓ 30 →						3 ↓ 7 →	
1 ↓ 18 →				2 ↓ 2 →		4 ↓ 7 →			
5 →			25 →						

#64

	15 ↓	14 ↓	7 ↓	11 ↓	7 ↓		9 ↓	23 ↓	4 ↓
25 →						27 ↓ 18 →			
20 →					33 ↓ 13 →				16 ↓
8 →			36 ↓ 14 →				15 ↓ 11 →		
	25 ↓	18 ↓ 6 →		23 ↓ 31 →					
32 →								18 ↓ 1 →	
19 →						16 ↓ 20 →			
40 →									16 ↓
28 →							9 ↓ 10 →		
9 →		30 →						7 →	

#65

	18 ↓		19 ↓		5 ↓	21 ↓	23 ↓	19 ↓	5 ↓
7 →		24 ↓ 7 →		37 ↓ 26 →					
44 →									35 ↓
19 →					21 ↓ 22 →				
	13 →					7 ↓ 13 →			
	18 ↓ 8 →		16 ↓ 13 →				27 ↓ 12 →		
35 →								7 ↓ 1 →	
2 →		17 ↓ 11 →				10 ↓ 16 →			
12 →				2 ↓ 18 →				3 ↓ 9 →	
25 →					21 →				

#66

	31 ↓	12 ↓	25 ↓	7 ↓	20 ↓	10 ↓	17 ↓		29 ↓
31 →								3 →	
40 →								4 →	
2 →		30 ↓ 8 →		31 ↓ 2 →		22 ↓ 5 →		6 →	
32 →								1 ↓ 9 →	
11 →			22 ↓ 18 →				11 ↓ 8 →		
21 →					20 ↓ 7 →			11 ↓	
	10 ↓ 34 →								
27 →						7 ↓	1 ↓ 4 →		3 ↓
22 →				26 →					

#67

	21 ↓	40 ↓	34 ↓		35 ↓	3 ↓	6 ↓		17 ↓
22 →				4 ↓ 13 →				31 ↓ 4 →	
30 →						26 ↓ 11 →			
11 →				3 ↓ 9 →			20 ↓ 13 →		
39 →									25 ↓
	18 ↓ 3 →			18 ↓ 23 →					
45 →									
14 →					11 ↓ 23 →				
2 →		2 ↓	7 ↓ 14 →			8 ↓ 14 →			
35 →								4 →	

#68

	24 ↓	11 ↓	5 ↓	29 ↓	8 ↓	22 ↓		38 ↓	31 ↓
27 →							13 ↓ 7 →		
13 →			8 →		16 ↓ 25 →				
2 →			26 ↓ 32 →						
3 →		19 ↓ 16 →					9 →		
33 →							24 ↓ 10 →		
12 →					22 ↓		9 ↓ 17 →		
		11 ↓ 15 →			9 ↓ 8 →			1 ↓ 8 →	
40 →									1 ↓
11 →				14 →			8 →		1 →

#69

		29 ↓	20 ↓	29 ↓	30 ↓	8 ↓	16 ↓		
	2 ↓ 34 →								15 ↓
24 →						22 ↓ 3 →		40 ↓ 4 →	
	6 ↓ 39 →								
13 →			12 ↓ 15 →				11 →		
	27 ↓ 24 →						25 ↓ 6 →		15 ↓
27 →					11 ↓ 27 →				
8 →		4 ↓ 3 →		7 ↓ 3 →		12 ↓ 17 →			
10 →			6 ↓ 33 →						
14 →					21 →				

#70

	23 ↓	14 ↓	3 ↓	7 ↓	11 ↓		18 ↓	7 ↓	14 ↓
29 →						28 ↓ 12 →			
13 →			27 ↓	21 →					
11 →				20 ↓	19 ↓ 8 →			2 ↓ 3 →	
9 →		18 ↓ 12 →					17 ↓ 3 →		
	16 ↓ 33 →								3 ↓
40 →							16 ↓ 3 →		
37 →									3 ↓
6 →		3 ↓	6 ↓ 5 →		4 ↓	1 ↓ 16 →			
11 →				5 →			3 →		

35

#71

	10 ↓	20 ↓	25 ↓	1 ↓	22 ↓	40 ↓	12 ↓	20 ↓	21 ↓
45 →									
17 →				16 ↓ 26 →					
	14 ↓ 29 →						11 →		
27 →							19 ↓ 10 →		
7 →		16 ↓	20 ↓ 8 →		20 ↓ 13 →				20 ↓
6 →				8 ↓ 13 →				5 →	
		9 ↓ 34 →						8 ↓ 8 →	
18 →						7 ↓ 16 →			
18 →					16 →			1 →	

#72

	13 ↓	8 ↓	13 ↓	23 ↓	7 ↓		25 ↓	27 ↓	6 ↓
26 →						7 ↓ 12 →			
7 →		12 ↓ 9 →			16 →				21 ↓
	30 ↓ 15 →				8 ↓	15 →			
11 →			18 ↓ 11 →			10 →			
16 →				21 ↓ 6 →		20 ↓ 24 →			
3 →		19 ↓ 3 →			14 ↓ 18 →				15 ↓
29 →							12 ↓	3 →	
34 →								5 →	
39 →								7 →	

#73

	6 ↓	16 ↓	38 ↓	9 ↓	18 ↓	9 ↓	28 ↓	25 ↓	3 ↓
45 →									
10 →				27 ↓ 23 →					10 ↓
	31 ↓ 13 →					21 ↓ 10 →			
17 →					11 ↓ 20 →				
8 →		16 ↓ 42 →							
29 →							4 →		17 ↓
22 →					17 ↓ 2 →		15 ↓	11 ↓ 7 →	
9 →			6 ↓ 11 →			1 ↓ 21 →			
17 →				25 →					

#74

	42 ↓	19 ↓	22 ↓	31 ↓	18 ↓	29 ↓		8 ↓	3 ↓
30 →							34 ↓ 10 →		
39 →									1 ↓
32 →								18 ↓ 1 →	
17 →			9 ↓ 23 →						13 ↓
17 →					21 ↓ 13 →				
8 →		24 ↓ 42 →							
13 →			8 ↓ 11 →			4 ↓ 12 →			
	12 →			8 ↓ 11 →				5 ↓	2 ↓
	21 →						7 →		

#75

		33 ↓	7 ↓	28 ↓	18 ↓	22 ↓	32 ↓		
	6 ↓ 27 →								5 ↓
38 →								5 →	
	20 ↓ 1 →		29 ↓ 30 →						37 ↓
23 →					5 ↓ 11 →			24 ↓ 6 →	
25 →						21 ↓ 18 →			
21 →				9 ↓	9 ↓ 19 →				
	8 ↓ 29 →						7 ↓ 13 →		
7 →		3 ↓ 6 →			5 ↓ 21 →				
4 →				24 →					

#76

	18 ↓	44 ↓	17 ↓	7 ↓	36 ↓	23 ↓	17 ↓		2 ↓
37 →								6 ↓ 2 →	
43 →									17 ↓
12 →				34 ↓ 12 →				35 ↓ 8 →	
	20 ↓ 36 →								
14 →			16 ↓ 10 →			12 ↓	16 ↓ 11 →		
42 →									14 ↓
17 →					8 ↓ 25 →				
45 →									
3 →			12 →			13 →			

#77

		43 ↓	19 ↓	28 ↓	37 ↓	9 ↓	16 ↓	10 ↓	4 ↓
	31 ↓ 38 →								
22 →						6 ↓ 14 →			19 ↓
41 →								10 ↓ 6 →	
8 →			9 ↓ 7 →			17 →	5 ↓ 13 →		
45 →									
38 →									11 ↓
13 →			10 ↓	14 ↓ 10 →			2 →		
19 →					6 ↓	7 ↓		5 ↓ 1 →	
		26 →					13 →		

#78

	45 ↓	22 ↓	15 ↓	17 ↓	12 ↓	3 ↓	9 ↓	22 ↓	
39 →									
34 →						38 ↓ 13 →			5 ↓
21 →					23 ↓ 18 →				
9 →			15 ↓	9 ↓ 9 →			8 ↓	13 ↓ 3 →	
37 →									8 ↓
2 →		5 ↓ 34 →							
12 →				8 ↓ 12 →			6 ↓ 1 →		
4 →		8 ↓ 10 →			2 ↓ 9 →		6 ↓ 5 →		
14 →				13 →					

#79

		20 ↓	35 ↓	45 ↓	17 ↓	7 ↓	10 ↓	21 ↓	
	9 ↓ 32 →								
30 →						17 ↓ 10 →			
	29 ↓ 30 →						31 ↓ 8 →		1 ↓
8 →		30 ↓ 7 →			4 ↓ 19 →				
36 →									7 ↓
24 →						11 ↓ 8 →		16 ↓ 3 →	
26 →					23 →				
10 →			9 →		9 ↓ 13 →				1 ↓
	4 →		15 →				5 →		

#80

		41 ↓	29 ↓	41 ↓	35 ↓	11 ↓	40 ↓	9 ↓	
	1 ↓ 34 →								17 ↓
45 →									
	4 ↓ 25 →					3 →		8 →	
21 →						25 ↓ 7 →		10 ↓	2 ↓
45 →									
	12 ↓ 41 →								19 ↓
8 →			9 ↓ 7 →		10 ↓ 19 →				
3 →		9 ↓ 5 →		16 →				3 ↓ 9 →	
20 →					4 →		7 →		

#81

	45 ↓	41 ↓	13 ↓	32 ↓	5 ↓	38 ↓	20 ↓	11 ↓	20 ↓
45 →									
17 →					15 ↓ 20 →				
34 →								5 ↓ 2 →	
7 →			8 ↓ 38 →						
36 →							14 ↓	17 ↓	8 ↓
10 →			13 ↓ 5 →		6 ↓ 15 →				
45 →									
14 →				7 ↓ 15 →				8 ↓	5 ↓
3 →		10 →				15 →			

#82

	11 ↓	4 ↓	12 ↓	17 ↓		14 ↓	14 ↓	1 ↓
26 →					9 ↓ 10 →			18 ↓
6 →		26 →					17 ↓ 2 →	
		7 ↓		25 ↓ 2 →		27 ↓ 22 →		
7 →		23 ↓ 2 →		26 ↓ 8 →		13 ↓	18 ↓ 8 →	
	15 ↓ 38 →							
41 →							16 ↓ 5 →	
37 →								14 ↓
23 →						8 ↓	2 ↓ 14 →	
17 →					17 →			

#83

	27 ↓	8 ↓	26 ↓		26 ↓		13 ↓	12 ↓	3 ↓
11 →				3 →		34 ↓ 9 →			
17 →			22 ↓ 24 →						23 ↓
9 →		34 ↓ 36 →							
27 →							30 ↓ 4 →		
35 →								18 ↓ 8 →	
10 →			10 ↓ 33 →						
	8 →			5 ↓	17 →				5 ↓
	6 ↓ 8 →				7 ↓	1 ↓ 17 →			
34 →									

#84

	24 ↓	9 ↓		36 ↓	7 ↓		37 ↓	25 ↓	17 ↓
17 →			26 ↓ 5 →			26 ↓ 16 →			
45 →									
5 →		14 ↓ 11 →			20 →				
20 →					29 ↓ 17 →				13 ↓
	21 ↓ 36 →								
33 →						14 ↓ 1 →		19 ↓ 9 →	
4 →		16 ↓	25 →						8 ↓
12 →				4 ↓ 30 →					
12 →			19 →				8 →		

#85

	14 ↓	38 ↓	23 ↓	24 ↓	17 ↓	17 ↓	4 ↓		15 ↓
35 →								23 ↓ 7 →	
26 →							7 ↓ 17 →		
		31 ↓ 37 →							10 ↓
29 →							25 ↓ 8 →		
14 →			29 ↓ 8 →			6 ↓ 14 →			
19 →					21 ↓ 3 →			24 ↓	5 ↓
15 →				7 ↓ 26 →					
5 →		35 →							
8 →		19 →				15 →			

#86

	12 ↓		9 ↓	34 ↓		31 ↓	10 ↓	6 ↓	29 ↓
2 →		4 ↓ 5 →			24 ↓ 18 →				
32 →								29 ↓ 9 →	
1 →		26 ↓ 42 →							
9 →			18 ↓ 16 →				13 ↓ 7 →		
	26 ↓ 34 →								10 ↓
28 →						19 ↓ 21 →			
11 →				13 →		16 ↓ 10 →			
13 →				9 ↓	17 →				
10 →			9 →		15 →			3 →	

#87

	30 ↓	29 ↓		27 ↓	28 ↓	8 ↓	5 ↓	17 ↓	
13 →			12 ↓ 31 →						11 ↓
18 →						26 ↓ 14 →			
35 →							34 ↓	26 ↓ 2 →	
10 →			21 →						
12 →			13 ↓ 16 →						13 ↓
19 →				28 →					
	11 ↓	14 ↓ 3 →		5 ↓ 25 →					
18 →					6 ↓ 18 →				
21 →						7 →		4 →	

#88

	1 ↓	39 ↓		14 ↓	7 ↓	31 ↓	20 ↓		9 ↓
10 →			19 ↓ 29 →				30 ↓ 4 →		
	21 ↓ 22 →				12 ↓ 14 →				
11 →				31 ↓ 19 →					
31 →							3 ↓ 8 →		7 ↓
13 →			24 ↓ 28 →						
27 →					16 ↓ 5 →		6 ↓ 10 →		
	11 ↓ 25 →					2 →		14 ↓	
20 →						5 ↓ 11 →			4 ↓
5 →		30 →							

#89

	23 ↓	25 ↓	22 ↓	29 ↓	3 ↓	25 ↓	19 ↓		27 ↓
36 →								2 ↓ 1 →	
20 →				20 ↓ 22 →					
36 →								3 →	
39 →						22 ↓	23 ↓ 6 →		
	20 ↓	6 ↓	16 ↓ 30 →						
16 →					8 →				
6 →	7 ↓ 14 →			9 ↓	10 ↓ 8 →				
11 →			2 ↓ 14 →					5 ↓	
13 →			32 →						

#90

	36 ↓		8 ↓	30 ↓	7 ↓	36 ↓	1 ↓		
4 →		28 ↓ 25 →						9 ↓	10 ↓
14 →			24 ↓ 14 →			32 ↓ 3 →			
18 →					22 →				
22 →					11 →			22 ↓ 4 →	
24 →					21 ↓ 18 →				
8 →			24 →						11 ↓
8 →			10 ↓ 29 →						
	12 →			1 ↓ 4 →		5 ↓ 4 →		8 ↓ 2 →	
		16 →					13 →		

#91

	8 ↓	18 ↓	24 ↓	34 ↓		30 ↓	21 ↓	3 ↓	33 ↓
23 →					5 ↓ 21 →				
	4 ↓ 33 →							9 →	
21 →					26 ↓ 9 →			7 ↓ 6 →	
	12 ↓ 37 →								
5 →			13 ↓ 8 →			8 →		16 ↓ 7 →	
5 →		14 →				14 ↓	11 ↓ 12 →		
1 →		13 ↓ 8 →		11 ↓ 16 →					
9 →			9 ↓ 23 →						
	37 →								

#92

	3 ↓	29 ↓	15 ↓	8 ↓	29 ↓		15 ↓	7 ↓	36 ↓
23 →						15 →			
	36 ↓ 12 →			31 ↓ 3 →		11 ↓ 9 →		20 ↓ 8 →	
9 →			6 ↓ 36 →						
30 →							6 ↓ 11 →		
15 →			20 ↓ 9 →			23 ↓ 19 →			
20 →					10 ↓ 6 →		21 ↓ 7 →		
40 →									7 ↓
7 →		3 ↓ 35 →						2 ↓ 2 →	
	7 →			15 →					

#93

	20 ↓	11 ↓	18 ↓	6 ↓	5 ↓	13 ↓		19 ↓	37 ↓
28 →							12 ↓ 17 →		
12 →				23 ↓	8 ↓ 14 →				
5 →		17 ↓ 40 →							
28 →					26 ↓	33 ↓ 6 →		25 ↓ 7 →	
		11 ↓ 26 →							
9 →				10 ↓ 14 →			4 ↓ 12 →		
4 →		11 ↓ 3 →		11 ↓ 23 →					
24 →							2 ↓ 12 →		
		38 →							

#94

	36 ↓	32 ↓	45 ↓	24 ↓		25 ↓	14 ↓	5 ↓	44 ↓
19 →					17 ↓ 17 →				
45 →									
23 →								2 ↓ 3 →	
28 →							10 →		
24 →					21 ↓ 7 →		25 ↓	14 ↓ 9 →	
19 →					8 →	11 ↓ 15 →			
15 →					6 ↓ 29 →				
		9 ↓	2 ↓ 28 →						
33 →									

#95

	24 ↓	8 ↓	25 ↓	31 ↓			16 ↓	1 ↓
	35 ↓ 19 →				3 ↓	26 ↓ 8 →		
14 →		34 ↓ 26 →						16 ↓
22 →				19 ↓ 14 →				
40 →						4 ↓ 6 →		
12 →			26 →					
4 →	18 ↓ 3 →		4 ↓ 20 →			15 ↓	21 ↓	
23 →				10 ↓	11 ↓ 11 →			
29 →					6 ↓ 10 →			
	7 →		33 →					

#96

	8 ↓	4 ↓	4 ↓	17 ↓	28 ↓	2 ↓	8 ↓		8 ↓
31 →							24 ↓ 4 →		
8 →		7 ↓ 9 →			27 ↓ 11 →				
	20 ↓	28 ↓ 19 →				15 ↓ 10 →			
36 →								23 ↓	
12 →			22 ↓ 19 →			17 ↓ 5 →			
3 →		12 →			11 ↓ 10 →				
17 →		8 →		10 ↓	11 ↓ 21 →				
	9 ↓ 3 →	3 ↓ 31 →							
30 →						7 →			

#97

	36 ↓	18 ↓	40 ↓	24 ↓	22 ↓	19 ↓		5 ↓	4 ↓
27 →							11 ↓ 6 →		
39 →								22 ↓ 3 →	
44 →									
9 →		21 ↓ 30 →							12 ↓
17 →				24 ↓	14 ↓ 15 →				
27 →						12 ↓	20 ↓	9 ↓ 6 →	
	9 ↓ 42 →								
7 →		8 ↓	3 ↓ 28 →						3 ↓
33 →							3 →		

#98

	25 ↓	25 ↓	2 ↓	23 ↓	22 ↓	1 ↓		19 ↓	13 ↓
25 →							9 →		
9 →			5 ↓ 8 →			20 ↓	9 →		
31 →							15 ↓ 7 →		
5 →			24 ↓ 32 →						16 ↓
12 →				1 ↓	22 ↓ 9 →		18 ↓ 6 →		
45 →									
	12 ↓	8 ↓ 5 →		7 ↓ 4 →		4 ↓	7 ↓ 10 →		
37 →									3 ↓
20 →					6 →		3 →		

#99

		4↓	15↓	18↓	11↓	9↓	20↓	19↓	7↓
	17↓ 42→								
9→		22↓ 31→							30↓
29→						2↓ 18→			
	26↓ 6→		14↓ 4→		2→		11→	5↓ 4→	
18→				21↓	20↓	22↓ 12→			
2→		17↓ 34→						10↓ 9→	
30→						1↓ 14→			
12→			4↓ 21→						7↓
20→					8→			7→	

#100

	21↓	15↓	24↓	16↓		10↓		9↓	10↓
25→					7↓ 4→		16↓ 12→		
29→								4↓ 5→	
27→						9↓ 10→			
3→		22↓ 7→		10↓	17↓ 10→				20↓
8→			16↓ 8→				12↓	7↓ 2→	
	14↓ 22→					17→			
16→				8↓ 7→		11↓ 1→		10↓ 6→	
17→					9↓ 23→				
6→		23→					9→		

#101

	31 ↓	8 ↓	19 ↓		26 ↓	5 ↓	30 ↓	26 ↓	4 ↓
23 →				21 ↓ 23 →					
3 →		42 ↓ 29 →							13 ↓
25 →						6 ↓ 11 →			
10 →			19 ↓ 23 →						
33 →						5 →			
16 →					18 ↓	8 ↓ 13 →			12 ↓
	22 →							3 ↓ 1 →	
	1 ↓ 10 →			3 ↓ 11 →			4 ↓ 11 →		
8 →				22 →					

#102

	36 ↓		42 ↓		28 ↓	19 ↓	20 ↓	
5 →		37 ↓ 4 →		24 ↓	38 ↓ 14 →			
40 →								4 ↓
45 →								
43 →								2 ↓
32 →						5 ↓	7 ↓ 2 →	
36 →								11 ↓
14 →				11 ↓ 17 →				
13 →					9 ↓	7 ↓	2 ↓	1 ↓ 3 →
	5 →		30 →					

#103

	15 ↓	2 ↓	32 ↓	7 ↓	31 ↓	40 ↓	31 ↓		22 ↓
37 →								2 →	
3 →		30 ↓ 27 →						10 ↓ 7 →	
10 →				12 ↓ 31 →					
45 →									
	23 ↓ 33 →							19 ↓	7 ↓
12 →			18 ↓ 15 →				8 ↓ 11 →		
18 →				15 →	11 ↓ 14 →				1 ↓
35 →							4 →		
5 →		18 →					7 →		

#104

	45 ↓	8 ↓	29 ↓	8 ↓	27 ↓	22 ↓		9 ↓	23 ↓
27 →							25 ↓ 7 →		
22 →				28 →					
7 →		28 ↓ 1 →		14 →				24 ↓ 2 →	
11 →				9 ↓ 26 →					
23 →						7 ↓ 21 →			
36 →									
9 →				9 ↓	9 ↓	11 ↓ 10 →			12 ↓
12 →			9 ↓ 16 →					8 ↓ 3 →	
30 →							17 →		

#105

	18 ↓	39 ↓		26 ↓	16 ↓	11 ↓		17 ↓	6 ↓
10 →			28 ↓ 17 →				10 ↓ 13 →		
39 →									32 ↓
23 →					23 ↓	5 ↓ 15 →			
34 →							21 ↓ 9 →		
25 →					14 ↓ 9 →			4 ↓ 9 →	
	14 ↓ 10 →			25 →					
4 →		17 ↓ 3 →		9 ↓ 11 →				17 ↓ 6 →	
15 →			2 ↓ 19 →						8 ↓
22 →						19 →			

#106

	37 ↓	13 ↓		33 ↓	12 ↓	12 ↓	9 ↓		7 ↓
8 →			36 ↓ 22 →					13 ↓ 7 →	
31 →							14 ↓ 7 →		13 ↓
45 →									
2 →		9 ↓ 9 →			14 ↓	22 ↓ 3 →		28 ↓ 5 →	
38 →									17 ↓
6 →		13 ↓ 20 →					4 ↓ 5 →		
20 →				4 ↓ 33 →					
	5 ↓ 14 →				4 ↓ 8 →		3 ↓ 16 →		
5 →			7 →			11 →			

#107

	5 ↓	29 ↓	19 ↓	15 ↓	4 ↓		31 ↓	7 ↓	18 ↓
21 →						43 ↓ 17 →			
24 →					10 ↓ 5 →			14 ↓ 4 →	
	4 ↓ 7 →			23 →					
14 →				10 ↓ 25 →					
	9 ↓ 8 →		3 ↓ 21 →						17 ↓
12 →					15 ↓ 11 →			21 ↓ 1 →	
8 →		9 ↓		3 ↓ 14 →			10 ↓ 12 →		
	5 ↓ 1 →		9 ↓ 37 →						
22 →					23 →				

#108

	24 ↓	32 ↓	13 ↓	15 ↓	7 ↓		12 ↓	8 ↓	9 ↓
20 →						27 ↓ 24 →			
34 →								14 ↓	8 ↓
28 →					27 ↓ 7 →		33 ↓ 14 →		
	10 ↓ 7 →			4 ↓ 29 →					29 ↓
10 →			18 ↓ 21 →						
13 →				19 ↓ 16 →				10 ↓ 8 →	
		7 ↓	15 →			4 ↓ 18 →			
6 →		6 ↓ 33 →							
23 →						10 →			

#109

	18 ↓	31 ↓	20 ↓		15 ↓	1 ↓	24 ↓	8 ↓
19 →				17 →				36 ↓
14 →				17 ↓ 4 →		14 ↓ 9 →	1 →	
36 →							5 →	
	28 ↓ 26 →						10 ↓ 7 →	
27 →					23 ↓	24 ↓ 10 →		
9 →			11 ↓	19 ↓ 14 →		16 →		
3 →		7 ↓ 26 →				3 ↓ 10 →		
38 →							4 ↓	5 ↓
4 →		14 →				9 →		

#110

	23 ↓	45 ↓	16 ↓	38 ↓	16 ↓	28 ↓	12 ↓	11 ↓
44 →								14 ↓
45 →								
8 →			30 ↓ 31 →					
21 →					2 ↓ 6 →		21 ↓	23 ↓
	3 ↓ 27 →					19 ↓ 12 →		
18 →					17 ↓ 13 →			
	5 ↓ 25 →				6 ↓ 15 →			
16 →				7 ↓ 21 →				
22 →					12 →			

55

#111

	38 ↓	21 ↓	25 ↓	7 ↓	6 ↓	16 ↓		6 ↓	37 ↓
29 →							12 ↓ 11 ↓		
8 →				9 ↓	12 →			8 ↓ 7 →	
13 →					14 ↓ 26 →				
34 →								22 ↓ 8 →	
6 →		13 →				6 ↓	3 ↓ 9 →		
5 →		13 ↓	6 ↓	21 ↓ 21 →					
27 →				9 ↓ 5 →		9 ↓ 9 →		5 ↓	
11 →		5 ↓ 14 →			7 ↓ 10 →				
	23 →							4 →	

#112

	45 ↓	38 ↓	13 ↓	4 ↓	20 ↓	9 ↓			25 ↓
32 →							14 ↓	13 ↓ 4 →	
12 →				21 ↓ 6 →		15 →			
12 →			3 ↓ 17 →			28 ↓ 17 →			
28 →							26 ↓	13 ↓ 1 →	
18 →					25 ↓ 19 →				
8 →			12 ↓ 32 →						
14 →				7 ↓ 22 →				15 ↓	
9 →		6 ↓ 15 →					7 →		
41 →							8 →		

#113

	39↓	31↓	37↓	13↓	33↓	22↓	13↓	4↓	
43→									20↓
28→							8↓ 2→		
22→				2↓ 20→					
36→						26↓ 7→			
17→				22↓ 8→		9↓ 11→			
31→							16↓ 8→		
3→		3↓ 14→				4↓ 9→		6↓	
	5↓ 12→				18→				
7→			2→			15→			

#114

		41↓	24↓	8↓	9↓	37↓	24↓		17↓
	29↓ 34→						5→		
12→				3↓ 18→			31↓ 9→		
14→					38↓ 25→				
19→				7↓ 8→			25↓ 9→		7↓
6→			6↓ 32→						
16→				22→					
16→				22→					4↓
	4↓ 8→		5↓	8↓ 22→					
4→		20→				3→		3→	

#115

	32 ↓	7 ↓	28 ↓	7 ↓		13 ↓	39 ↓	5 ↓	35 ↓
27 →					19 ↓ 26 →				
37 →								6 ↓ 6 →	
1 →		6 ↓ 4 →		19 ↓ 20 →					
27 →						14 ↓ 14 →			
9 →			5 ↓ 20 →					18 ↓ 7 →	
2 →		13 ↓ 9 →			17 ↓ 21 →				
14 →				4 ↓ 8 →		1 ↓ 12 →			
	6 ↓ 2 →		8 ↓ 8 →				9 ↓ 3 →		4 ↓
24 →						14 →			

#116

	11 ↓	18 ↓	22 ↓		18 ↓	19 ↓		21 ↓	2 ↓
16 →				26 ↓ 11 →			14 ↓ 6 →		
41 →									
39 →									8 ↓
5 →		26 ↓ 10 →				32 ↓ 10 →			
	23 ↓ 8 →		13 ↓ 7 →		10 ↓ 20 →				
7 →				3 ↓ 12 →			9 ↓ 1 →		22 ↓
37 →								7 ↓ 8 →	
17 →				6 ↓ 11 →			6 ↓ 12 →		
20 →					9 →			9 →	

#117

	6 ↓	11 ↓	27 ↓	12 ↓	19 ↓	22 ↓	27 ↓	17 ↓	23 ↓
45 →									
	32 ↓ 36 →								
13 →				15 ↓ 24 →					
6 →		27 ↓ 30 →							34 ↓
27 →						17 ↓ 6 →		15 ↓ 9 →	
14 →			9 ↓ 2 →		14 ↓ 20 →				
18 →				7 ↓ 9 →			9 ↓ 13 →		
45 →									
		3 →		16 →				7 →	

#118

	16 ↓	10 ↓		35 ↓	4 ↓	21 ↓	27 ↓		
6 →			38 ↓ 20 →					24 ↓	9 ↓
21 →					14 ↓ 21 →				
9 →			3 ↓ 30 →						
		6 ↓ 35 →							9 ↓
31 →							10 ↓ 11 →		
4 →			18 ↓ 9 →		17 ↓	3 ↓	12 ↓ 7 →		17 ↓
		27 →						2 →	
		21 →				5 ↓ 2 →		6 ↓	4 ↓ 8 →
		44 →							

#119

			30 ↓	23 ↓	22 ↓	8 ↓	19 ↓	9 ↓	6 ↓
	7 ↓	40 ↓ 37 →							
25 →						9 ↓ 2 →		20 ↓	8 ↓
	31 ↓ 40 →								
41 →									18 ↓
24 →					22 ↓	6 ↓	17 ↓ 10 →		
16 →				27 →					
13 →			12 ↓	14 ↓ 29 →					
22 →						3 ↓ 1 →		3 ↓	8 ↓
37 →							11 →		

#120

	25 ↓	7 ↓	36 ↓	26 ↓	11 ↓			24 ↓	14 ↓
19 →						17 ↓	9 ↓ 17 →		
4 →		37 ↓ 42 →							
41 →									14 ↓
26 →					33 ↓ 7 →			16 ↓ 5 →	
	23 ↓ 24 →					1 ↓	21 ↓ 15 →		
16 →				11 ↓ 23 →					4 ↓
32 →						10 ↓ 12 →			
6 →			2 ↓ 20 →					8 ↓	2 ↓
32 →							10 →		

#121

			40 ↓	40 ↓	11 ↓	5 ↓	8 ↓	23 ↓	
	28 ↓	6 ↓ 31 →							9 ↓
25 →						20 →			
28 →						18 ↓	19 ↓ 5 →		
1 →		14 ↓ 4 →			9 ↓ 22 →				
41 →									
22 →					19 ↓ 10 →			14 ↓	17 ↓
23 →						5 ↓	13 ↓ 12 →		
		8 ↓	5 ↓ 3 →		9 ↓ 32 →				
13 →				28 →					

#122

	45 ↓	11 ↓	6 ↓	36 ↓	41 ↓	15 ↓	19 ↓	21 ↓	4 ↓
45 →									
38 →									
5 →			5 ↓ 26 →						31 ↓
6 →		7 ↓ 20 →				24 ↓	15 ↓ 13 →		
35 →								18 ↓ 5 →	
8 →		20 ↓	19 ↓ 30 →						
25 →							9 ↓ 15 →		
16 →				1 ↓ 26 →					
18 →					16 →				

#123

	13 ↓	14 ↓		10 ↓	27 ↓	29 ↓	22 ↓	18 ↓	3 ↓
11 →			15 ↓ 31 →						
36 →									11 ↓
7 →				27 ↓ 29 →					
	28 ↓	9 ↓ 29 →					24 ↓	31 ↓ 4 →	
13 →			27 ↓ 22 →						
8 →		13 ↓ 6 →			13 ↓ 21 →				8 ↓
27 →						22 →			
28 →						12 →			4 ↓
28 →							12 →		

#124

	13 ↓	33 ↓	12 ↓		7 ↓	38 ↓		22 ↓	12 ↓
14 →				36 ↓ 11 →			3 ↓ 11 →		
45 →									
20 →					15 ↓ 6 →		14 ↓ 3 →		
	27 ↓ 5 →		31 ↓ 30 →						7 ↓
35 →							16 ↓ 1 →		
16 →					1 ↓ 12 →				
26 →							6 ↓ 7 →		9 ↓
8 →		7 ↓ 15 →			6 ↓	8 ↓ 18 →			
40 →									

#125

	27 ↓	31 ↓		25 ↓	6 ↓		18 ↓	26 ↓	
8 →			8 ↓ 5 →			31 ↓ 9 →			
37 →									18 ↓
19 →					21 ↓ 24 →				
17 →			27 ↓ 25 →						
25 →							17 ↓ 11 →		
	7 ↓ 34 →							14 ↓ 4 →	
7 →		8 ↓ 3 →		14 ↓	10 ↓ 18 →				
	8 ↓ 38 →								4 ↓
8 →		16 →				8 →		4 →	

#126

	13 ↓	36 ↓	30 ↓	5 ↓		10 ↓	7 ↓	18 ↓	25 ↓
14 →					38 ↓ 24 →				
15 →				5 ↓ 16 →					
26 →						17 ↓	6 ↓ 14 →		
18 →				6 ↓ 18 →				26 ↓ 9 →	
	22 ↓ 1 →		24 ↓ 16 →				17 ↓ 4 →		
39 →									2 ↓
20 →				8 ↓ 19 →					
20 →						3 ↓ 9 →			5 ↓
2 →		39 →							

#127

	25 ↓	22 ↓	4 ↓	18 ↓	19 ↓	2 ↓	16 ↓	11 ↓	
44 →									33 ↓
16 →			32 ↓ 5 →			11 →			
18 →						3 ↓ 3 →		6 ↓ 7 →	
24 →							7 ↓ 10 →		
20 →						23 ↓ 7 →		9 ↓ 9 →	
	17 ↓	11 ↓ 9 →			18 ↓ 4 →		14 ↓ 14 →		
13 →				17 →				3 ↓ 6 →	
11 →			8 ↓	9 ↓ 27 →					8 ↓
35 →								8 →	

#128

		16 ↓	34 ↓	34 ↓	5 ↓	29 ↓	16 ↓		29 ↓
	32 ↓ 34 →							23 ↓ 4 →	
12 →					14 ↓ 12 →				
45 →									
32 →							21 ↓ 9 →		
9 →		37 →							
2 →		5 ↓ 9 →			7 ↓ 16 →				
21 →						16 ↓ 5 →		6 ↓	10 ↓
7 →			8 ↓	9 ↓	6 ↓ 21 →				
		23 →				22 →			

#129

			15 ↓	16 ↓	21 ↓	26 ↓	21 ↓	6 ↓	2 ↓
	33 ↓	41 ↓ 36 →							
35 →									3 ↓
15 →			31 ↓ 30 →					20 ↓ 3 →	
15 →				29 ↓ 16 →					15 ↓
30 →							8 →		
18 →					11 ↓	10 ↓	10 ↓ 13 →		
40 →									9 ↓
	2 ↓ 31 →							1 ↓ 9 →	
7 →			15 →				1 →		

#130

		3 ↓	44 ↓	34 ↓	13 ↓	16 ↓	8 ↓	4 ↓	11 ↓
	38 ↓ 43 →								
4 →		9 ↓ 27 →						12 ↓ 2 →	
19 →					39 ↓	27 ↓ 10 →			
39 →							12 ↓ 4 →		13 ↓
5 →		16 ↓ 40 →							
40 →								16 ↓ 4 →	
40 →									16 ↓
16 →				6 ↓ 10 →			3 ↓ 11 →		
			10 →			16 →			

#131

	45 ↓	27 ↓		9 ↓	22 ↓	4 ↓	35 ↓		30 ↓
17 →			16 ↓ 18 →					8 ↓ 3 →	
26 →						29 ↓ 16 →			
45 →									
13 →				20 ↓ 14 →				6 →	
3 →		20 ↓	22 ↓ 10 →					2 ↓ 5 →	
20 →					18 ↓ 20 →				
38 →							8 ↓		
37 →									5 ↓
14 →					4 →		6 →		5 →

#132

	45 ↓		2 ↓	27 ↓	26 ↓	14 ↓	7 ↓	15 ↓	
1 →		40 ↓ 29 →							32 ↓
5 →			14 ↓ 21 →				8 ↓ 10 →		
34 →								7 →	
29 →							5 ↓	12 ↓ 2 →	
26 →					19 ↓	5 ↓ 11 →			
10 →			20 ↓ 27 →						
18 →				4 ↓ 5 →			7 ↓	12 ↓ 9 →	
23 →						8 →			5 ↓
28 →						16 →			

#133

	45 ↓	4 ↓	5 ↓	17 ↓	23 ↓	17 ↓	9 ↓	7 ↓	
42 →									13 ↓
5 →		8 ↓	26 ↓ 22 →				15 ↓ 2 ↓		
21 →				30 ↓ 14 →			29 ↓ 8 →		
3 →		24 ↓ 13 →			22 ↓ 25 →				
16 →						8 ↓ 12 →			20 ↓
45 →									
16 →			23 →				13 ↓ 7 →		
8 →			4 ↓ 6 →			7 ↓ 13 →			
45 →									

#134

		2 ↓		25 ↓	5 ↓	29 ↓	15 ↓	20 ↓	13 ↓
	7 ↓ 2 →		17 ↓ 37 →						
7 →		35 ↓ 15 →			24 ↓ 22 →				
	30 ↓ 31 →								19 ↓
13 →			32 ↓ 14 →			21 ↓ 11 →			
37 →							24 ↓ 9 →		
24 →					19 ↓ 17 →				
17 →				17 ↓ 22 →					
13 →			5 ↓ 25 →						
43 →									

#135

	8 ↓	19 ↓	28 ↓	35 ↓		9 ↓		14 ↓	15 ↓
22 →					3 →		31 ↓ 3 →		
26 →					33 ↓ 23 →				
	26 ↓ 16 →					30 ↓ 22 →			
36 →								19 ↓	
7 →		18 ↓ 27 →							9 ↓
6 →			8 ↓ 31 →						
15 →				21 →					
6 →				3 ↓ 23 →					2 ↓
18 →								2 →	

#136

	1 ↓	23 ↓		18 ↓	17 ↓	13 ↓	22 ↓	13 ↓	
5 →			31 ↓ 27 →						
	17 ↓ 35 →								12 ↓
33 →							10 ↓ 5 →		
14 →					16 ↓	29 ↓ 12 →			
15 →				4 ↓ 11 →			10 ↓ 9 →		
3 →		9 ↓ 26 →							10 ↓
30 →							11 ↓ 1 →		
	4 ↓ 6 →		1 ↓	6 ↓	8 →		8 ↓ 9 →		
4 →		7 →			25 →				

#137

	45↓	13↓			34↓	20↓	17↓	22↓	16↓
12→			32↓	31↓ 29→					
45→									
43→									19↓
45→									
7→		18→				14↓	9↓ 16→		
9→		8↓ 31→						15↓ 1→	
10→			7↓	12↓	16↓ 5→		11→		
3→		6↓ 17→					9↓ 5→		8↓
26→						20→			

#138

	16↓	32↓	10↓	2↓		15↓	1↓	32↓	5↓
18→					5↓ 15→				
17→				36↓ 5→		17↓ 5→			
44→									24↓
	22↓ 4→		11↓ 8→		11↓ 14→				
30→					3↓ 20→				
25→							16↓ 7→		
1→		17↓	1↓ 4→		7↓ 2→		6↓ 16→		
24→					7↓ 12→				5↓
15→					15→				

#139

	26 ↓	33 ↓	30 ↓	11 ↓	30 ↓	31 ↓	3 ↓	7 ↓	3 ↓
45 →									
34 →							6 ↓	1 →	
39 →								27 ↓	12 ↓
24 →							11 ↓ 16 →		
	9 ↓ 16 →			17 ↓ 22 →					
1 →		15 ↓	12 ↓ 10 →			14 ↓ 11 →			
38 →									13 ↓
	5 ↓ 10 →				4 ↓ 3 →		6 ↓ 12 →		
35 →								8 →	

#140

	29 ↓	19 ↓	1 ↓	15 ↓	41 ↓	2 ↓		35 ↓	11 ↓
27 →							16 ↓ 11 →		
11 →			35 ↓ 14 →			23 →			
18 →				5 →		5 ↓ 8 →			
8 →		31 ↓ 6 →		18 →					7 ↓
17 →				18 ↓ 2 →		9 ↓ 13 →			
		32 →					19 ↓ 1 →		20 ↓
		10 ↓ 26 →					12 ↓ 23 →		
33 →								7 ↓ 9 →	
14 →						23 →			

#141

	13 ↓		45 ↓	23 ↓	19 ↓	13 ↓	9 ↓	27 ↓	26 ↓
1 →		8 ↓ 36 →							
29 →							21 ↓ 8 →		
5 →		12 ↓ 36 →							
	9 →				22 ↓ 23 →				
	11 ↓ 21 →					20 ↓ 11 →			
1 →		18 ↓ 29 →							17 ↓
22 →				7 ↓ 10 →			4 ↓	4 →	
33 →								2 ↓ 7 →	
		12 →			20 →				

#142

	4 ↓	17 ↓	9 ↓	8 ↓	35 ↓	21 ↓	10 ↓		3 ↓
39 →							15 ↓ 3 →		
	21 ↓ 3 →		13 ↓ 25 →						39 ↓
15 →				35 ↓ 27 →					
8 →		16 ↓ 21 →					18 ↓ 6 →		
24 →						12 ↓ 9 →		14 ↓ 7 →	
10 →			7 ↓ 35 →						
		11 ↓ 22 →				12 ↓ 17 →			
2 →			5 ↓	1 ↓ 15 →			1 ↓ 8 →		
26 →						5 →			

#143

	10 ↓		14 ↓	1 ↓		11 ↓		12 ↓
9 →		3 ↓ 3 →			29 ↓ 6 →			18 ↓ 4 →	
9 →				2 ↓ 8 →			28 ↓ 8 →		
	19 ↓	15 ↓ 18 →				10 ↓ 19 →		
10 →			22 ↓	20 ↓ 20 →				21 ↓
35 →							4 ↓ 6 →	
25 →					20 ↓ 8 →			
5 →		26 →					6 ↓ 7 →	
	3 ↓	9 →		2 ↓	3 ↓ 4 →		7 ↓ 11 →	
3 →		25 →					2 →	

#144

		35 ↓	4 ↓	6 ↓	35 ↓	18 ↓		2 ↓	12 ↓
	24 ↓ 22 →						9 ↓ 7 →		
9 →			6 ↓ 23 →					2 ↓ 7 →	
18 →				17 →					16 ↓
12 →				22 ↓ 6 →		27 ↓	12 ↓	19 ↓ 3 →	
13 →			30 →						
	20 ↓ 2 →		11 ↓ 30 →						
23 →					15 ↓ 7 →		8 ↓ 9 →		
7 →		3 ↓ 31 →							4 ↓
30 →								4 →	

#145

	4 ↓	21 ↓	6 ↓		28 ↓	25 ↓	3 ↓		7 ↓
15 →				5 ↓ 10 →				1 ↓ 3 →	
5 →			31 ↓ 11 →				11 ↓ 5 →		
		7 ↓ 29 →						17 ↓	20 ↓
16 →				22 ↓ 30 →					
		21 ↓ 30 →					19 ↓ 9 →		
9 →			19 ↓ 13 →			13 ↓ 7 →			
21 →					7 ↓ 16 →				
34 →								2 ↓	
		6 →		20 →					

#146

	22 ↓	16 ↓		32 ↓		1 ↓	16 ↓	14 ↓	39 ↓
16 →			33 ↓ 1 →		18 ↓ 12 →				
27 →						24 ↓ 18 →			
35 →								28 ↓ 7 →	
3 →		18 ↓ 35 →							
26 →							29 ↓ 7 →		
		15 ↓ 18 →			6 ↓ 26 →				
8 →				8 ↓ 30 →					
20 →						14 →			9 ↓
9 →						7 →		9 →	

#147

	17↓	7↓	36↓	10↓	44↓	18↓	15↓	5↓	29↓
45→									
34→								28↓ 8→	
17→				8↓ 7→			12↓		
	11↓	12↓ 19→					4↓ 16→		
14→				14↓ 15→					25↓
31→							15↓ 9→		
17→						13↓ 17→			
	5↓ 6→		9↓ 17→					3↓ 7→	
5→		10→			22→				

#148

	45↓	8↓	23↓	27↓	10↓	11↓	7↓	7↓	22↓
45→									
27→							3↓ 7→		
7→		9↓ 9→			13↓	31↓ 7→			
38→								1↓ 3→	
7→			15↓ 17→				9↓ 9→		
1→		12↓ 8→		18↓ 15→				9↓	14↓
24→					7↓ 9→		10↓ 10→		
34→								7↓ 8→	
9→			8→			16→			

#149

	34 ↓	37 ↓	17 ↓	21 ↓	18 ↓		5 ↓	33 ↓	20 ↓
26 →						7 ↓ 10 →			
28 →						21 ↓ 10 →			
45 →									
11 →				5 →		30 ↓ 20 →			
13 →				26 ↓	10 ↓ 24 →				
9 →			9 ↓ 30 →						11 ↓
	17 ↓ 22 →					15 ↓ 8 →			
20 →					8 ↓ 13 →			1 ↓ 9 →	
9 →		28 →							

#150

	37 ↓	35 ↓	12 ↓	9 ↓	9 ↓	22 ↓		12 ↓	2 ↓
33 →						23 ↓ 8 →			
39 →									6 ↓
14 →				24 ↓ 18 →					
8 →			22 ↓ 5 →		15 ↓	2 ↓ 6 →		22 ↓ 5 →	
41 →									4 ↓
28 →						8 ↓	18 ↓ 6 →		
17 →					10 ↓ 20 →				10 ↓
	1 ↓	2 ↓ 13 →				3 ↓ 12 →			
3 →			32 →						

#151

	45 ↓	11 ↓	35 ↓	14 ↓	7 ↓	21 ↓	17 ↓	25 ↓	8 ↓
45 →									
42 →									20 ↓
3 →		32 ↓ 3 →			15 ↓ 3 →		26 ↓ 12 →		
18 →				26 →					
16 →				16 ↓ 24 →					
34 →								20 ↓ 5 →	
16 →			9 ↓ 5 →			6 ↓ 15 →			13 ↓
14 →					5 ↓ 20 →				
32 →							12 →		

#152

	28 ↓	8 ↓	45 ↓	28 ↓	26 ↓	18 ↓		20 ↓	13 ↓
33 →							35 ↓ 11 →		
2 →		28 ↓ 42 →							
39 →									
21 →						25 ↓ 12 →			5 ↓
38 →								3 ↓ 5 →	
19 →					21 ↓ 14 →				17 ↓
	14 ↓ 27 →							3 →	
23 →				5 ↓ 18 →				3 ↓ 6 →	
5 →		13 →					11 →		

#153

	45 ↓	32 ↓	30 ↓	23 ↓	13 ↓	1 ↓	28 ↓	6 ↓	20 ↓
45 →									
23 →					6 ↓ 17 →				
36 →								21 ↓ 6 →	
20 →					26 ↓ 18 →				
6 →			21 ↓ 3 →		13 ↓ 10 →			3 ↓	
27 →						9 ↓ 7 →			
13 →			14 ↓ 31 →						
1 →		24 →				4 ↓ 3 →		4 ↓	
4 →		17 →				4 →		4 →	

#154

		31 ↓	33 ↓	15 ↓	21 ↓	6 ↓	19 ↓		8 ↓
	26 →							6 ↓ 7 →	
	13 ↓ 38 →								
21 →					32 ↓ 6 →			8 ↓	15 ↓
17 →					11 ↓ 25 →				
14 →				8 ↓ 12 →			14 ↓ 6 →		
	19 ↓ 31 →							18 ↓ 9 →	
4 →		4 ↓		8 ↓ 5 →		11 ↓ 21 →			6 ↓
11 →				9 ↓ 21 →					
35 →							6 →		

#155

	39 ↓		11 ↓	1 ↓	29 ↓	19 ↓	37 ↓	10 ↓	8 ↓
3 →		40 ↓ 34 →							
23 →				17 ↓ 17 →					5 ↓
9 →			19 ↓ 28 →					16 ↓ 5 →	
40 →									19 ↓
27 →						22 ↓ 16 →			
14 →				11 ↓ 28 →					
12 →			5 ↓ 6 →		16 ↓ 12 →				
	6 ↓ 23 →						6 ↓ 3 →		
10 →			23 →					3 →	

#156

	24 ↓	29 ↓	17 ↓	27 ↓	18 ↓	5 ↓	18 ↓	11 ↓	7 ↓
45 →									
28 →						31 ↓ 10 →			18 ↓
9 →			26 →					33 ↓ 8 →	
15 →			27 →						
	23 ↓ 5 →		18 ↓ 1 →		9 →		17 ↓ 7 →		
24 →					8 ↓ 21 →				7 ↓
5 →	5 ↓ 3 →		12 ↓ 24 →						
28 →						3 ↓ 6 →			5 ↓
20 →					3 →		12 →		

#157

	29↓	32↓	42↓		41↓	7↓	13↓	21↓	
11→				30↓ 16→					5↓
27→						13↓ 12→			
39→									21↓
28→							3↓ 17→		
34→								26↓ 4→	
17→				10↓ 16→			16↓ 12→		
	8↓	7↓ 21→				7↓ 18→			
39→									4↓
9→						15→			

#158

	17↓	13↓	41↓	4↓	12↓	25↓	3↓		27↓
38→							37↓ 4→		
13→				13↓ 6→			14↓ 13→		
	33↓ 43→								
24→					23↓ 24→				
6→		21↓ 9→		24→					
13→				2↓ 8→			9↓ 1→		7↓
21→					12↓ 20→				
22→				2↓ 5→			6↓ 3→		5↓
	5→		19→				5→		

#159

	45 ↓	22 ↓	8 ↓	4 ↓	28 ↓	21 ↓	5 ↓	6 ↓	
43 →									5 ↓
9 →				21 ↓ 14 →			19 ↓	5 ↓ 4 →	
13 →			8 ↓ 27 →						
28 →									
38 →								20 ↓	29 ↓
6 →		13 ↓	5 ↓ 1 →		3 ↓	1 ↓	14 ↓ 17 →		
11 →				4 ↓ 22 →					
7 →			5 ↓ 3 →		3 ↓	4 ↓ 16 →			
27 →						12 →			

#160

	23 ↓	41 ↓	16 ↓	6 ↓	30 ↓	17 ↓	8 ↓		5 ↓
33 →								15 ↓ 5 →	
19 →				29 ↓ 19 →					9 ↓
30 →							30 ↓ 12 →		
23 →						24 ↓ 17 →			
8 →			20 ↓ 22 →					6 ↓	16 ↓
19 →					17 ↓ 20 →				
		11 ↓ 36 →							
8 →		1 ↓ 23 →						5 ↓ 5 →	
11 →				19 →					

www.ingramcontent.com/pod-product-compliance
Lightning Source LLC
Chambersburg PA
CBHW050253220526
45465CB00002B/658